AF368158

RHEINISCH WESTFÄLISCHE AKADEMIE DER WISSENSCHAFTEN

Rheinisch-Westfälische Akademie der Wissenschaften

Geisteswissenschaften   Vorträge · G 214

Herausgegeben von der
Rheinisch-Westfälischen Akademie der Wissenschaften

IVAN DUJČEV

Heidnische Philosophen und Schriftsteller in der alten bulgarischen Wandmalerei

Westdeutscher Verlag

212. Sitzung am 21. April 1976 in Düsseldorf

ISBN-13: 978-3-531-07214-2   e-ISBN-13: 978-3-322-85712-5
DOI: 10.1007/978-3-322-85712-5

Inhalt

In zwei Kirchengebäuden Bulgariens – nämlich im Refektorium des
Bačkovo-Klosters und in der Kirche ‚Nativitas Christi' in Arbanassi
(bei Tŭrnovo) – wurden während des 17. Jhs. Fresken von einer Reihe
griechisch-heidnischer Denker und Schriftsteller als Verkünder des
Christentums gemalt[1]. In voller Größe wurden in Bačkovo im Jahre
1623 zwölf Persönlichkeiten aus der hellenischen Epoche abgebildet:
Aristophanes, Odoneristos (?), Diogenes, Ariklos (?), Kleomianos,
Sokrates, Sibylle, Platon, Plutarchos, Hokiaros (vermutlich Homer?[2]),
Aristoteles und Galenos. Die ersten sechs Figuren waren schon längst
bekannt, die übrigen aber wurden erst während der Restaurationsarbei-
ten im Jahre 1966 entdeckt. In dem Frauenraum der Kirche von Arbanassi, ausgemalt im Jahre 1681, befinden sich auf beiden Seiten der
Wurzel Jesse, wahrscheinlich in Nachahmung der 12 Apostel Christi,
zwölf heidnische Weise und Schriftsteller, auch sie in voller Größe dargestellt: Homer, Aristoteles, Galenos, Sibylle, Platon, Plutarchos,
Lisitis (?), Astakor (?), Solon, Zialigis (?), Pythagoras und Sokrates.
Jede Gestalt hält in der Hand eine Schriftrolle, auf der eine Inschrift in
griechischer Sprache zu lesen ist[3]. Vereinzelte Abbildungen der Sibylle

---

[1] Über die Abbildungen von Bačkovo s.: A. Grabar, La peinture religieuse en Bul-
garie. Paris 1928, 307 u. Anm. 4–6. – I. Dujčev, Klassisches Altertum im mittel-
alterlichen Bulgarien. In: Renaissance und Humanismus in Mittel- und Osteuropa.
I. Herausgegeben von J. Irmscher, Berlin 1962, 353 ff., wiederherausgegeben in
ders., Medioevo bizantino-slavo. I. Saggi di storia politica e culturale. Roma 1965,
481 ff.; 564 ff. – Über Arbanassi-Abbildungen: s. Grabar, ebenda, 307 usw. – Dujčev,
Medioevo, 480 ff., mit Abbildungen. – A. Boschkov, Die bulgarische Malerei. Von
den Anfängen bis zum 19. Jahrhundert. Recklinghausen (1969) 263 ff. u. Abb. 167,
168, 170.
[2] Vgl. P. Ş. N(ăsturel): Byz. Zf. 65 (1972) 248: „l'énigmatique Okyaros, lequel, à
en juger d'après le texte de son rotule et d'après certaines des lettres de son nom,
me semble devoir être bel et bien Homère." Diese Verbesserung bleibt leider nur
eine Hypothese.
[3] Lesung und Deutung der Inschriften bei I. Dujčev, Die Begleitinschriften der Abbildungen heidnischer Denker und Schriftsteller in Bačkovo und Arbanassi. Jahrbuch d. Österreichischen byzantin. Gesellschaft 16 (1967) 205–209 = Medioevo
bizantino-slavo. III. Altri saggi di storia politica e letteraria. Roma 1971, 641–649;

sieht man auch anderswo in Kirchengebäuden Bulgariens[4]. Die Darstellungen treten jedoch nicht nur in bulgarischen Territorien auf. Solche Abbildungen mit den auf Schriftrollen geschriebenen Inschriften treffen wir auch in Griechenland und vor allem in den Kirchen auf dem Heiligen Berg (Athos)[5], sowie in der Vallachei, in Serbien usw.[6].

Wie sind die Darstellungen dieser heidnischen Denker und Schriftsteller in der orthodoxen Kirchenmalerei der Länder des ehemaligen byzantinischen Kulturkreises zu erklären? Es stellt sich die Frage, ob dies als ein entfernter Widerhall der westeuropäischen humanistischen und Renaissance-Bewegung zu betrachten ist, oder ob es sich um eine spezifische byzantino-balkanische Erscheinung handelt? Um diese Erscheinung richtig zu deuten, ist es nötig, tief in die Geschichte zurückzukehren und die Besonderheiten der byzantinischen Entwicklung mit der Entwicklung des europäischen Westens kurzgefaßt zu vergleichen.

702. Abbildungen der Inschriften: I. Dujčev, Bŭlgarsko srednovekovie. Proučvanija vurchu političeskata i kulturnata istorija na srednovekovna Bŭlgarija. Sofia 1972, Abb. 29–40. – Ergänzend: I. Dujčev, Nouvelles données sur les peintures des philosophes et des écrivains païens à Bačkovo. Revue des études sudest européennes IX, Hf. 3 (1971) 391–395.

[4] Siehe z. B. bei Grabar, ebenda, 307 (Boboševo, SW-Bulgarien). Über mittelalterliche bulgarische Texte über die Sibyllen s. die Angaben bei M. Drinov, Izbrani sŭčinenija. II. Herausgegeben von I. Dujčev, Sofia 1971, 216 ff.

[5] N. A. Vees, Darstellungen altheidnischer Denker und Autoren in der Kirchenmalerei der Griechen. Byzant.-neugriech. Jahrbücher 4 (1923) 107–128, 425–426. – K. Spetsieris, *Εἰκόνες Ἑλλήνων φιλοσόφων εἰς ἐκκλησίας. Ἐπιστημονικὴ ἐπετηρὶς τῆς Φιλοσοφικῆς σχολῆς τοῦ Πανεπιστημίου Ἀθηνῶν*, 2. Reihe, Bd. 14 (1963–1964) 386–458; vgl. auch die Besprechung von I. N. Karmires: *Θεολογία*, 35 (1964) 344–347. – Grundlegende Studien von A. v. Premerstein: Griechisch-heidnische Weise als Verkünder christlicher Lehre in Handschriften und Kirchenmalerei. In: Festschrift der Nationalbibliothek in Wien, herausgegeben zur Feier des 200jährigen Bestehens des Gebäudes. Wien 1926, 647–666; vgl. die Würdigung dieser Studie von H. Grégoire: Byzantion, 2 (1926) 544–550. – A. v. Premerstein, Neues zu den apokryphen Heilsprophezeiungen heidnischer Philosophen in Literatur und Kirchenkunst. Byzant.-neugr. Jahrbücher, 9 (1932) 338–374. – L. Bréhier, La légende des sages païens à Byzance. In: Mélanges L. Halphen. Paris 1951, 61–69. – H. Hunger, Reich der neuen Mitte. Der christliche Geist der byzantinischen Kultur. Verlag Styria (1965) 303 ff., 427.

[6] V. Grecu, Darstellungen altheidnischer Denker und Schriftsteller in der Kirchenmalerei des Morgenlandes. In: Académie Roumaine. Bulletin de la section historique, 9/1 (1924) 1–68. – Gr. Nandriş, Christian Humanism in the New-Byzantine Mural Painting of Eastern Europe. Wiesbaden 1970; vgl. darüber Dujčev, Medioevo III, 702. – In Serbien: s. D. Medaković, Pretstave antičkih filosofa i Sivila u živopisu Bogorodice Ljeviške. In: Zbornik radova Vizant. instituta 6 (Beograd 1960) 43–57. – In Rußland: N. A. Kazakova, „Proročestva ellinskich mudrecov" i ich izobraženija v russkoj živopisi XVI–XVII vv., in: Trudy Otdela drevnerusskoj literatury 17 (1961) 358–368; vgl. meine Bemerkung in Byz. Zf. 55 (1962) 406 ff.

Die offizielle Anerkennung des Christentums in dem Römischen Reich durch das Edikt von Mailand vom Jahre 313, bestätigt später durch die Maßnahmen des Kaisers Theodosios I. (379–395), entschied nicht das vielumstrittene Problem der Beziehungen zwischen dem neuen Glauben und dem Hellenismus. Jahrhundertelang, während des Mittelalters, blieb diese schwierige Frage akut und beschäftigte die denkenden Geister. Der verworfene Hellenismus war aber nicht nur eine in eine tiefe Krise geratene religiöse Weltanschauung; eine unvertilgbare Kultur und besonders eine reichste Literatur war sein Vermächtnis. Die positive oder ablehnende Stellung der führenden Vertreter der triumphierenden christlichen Kirche dem Hellenismus und seiner Literatur gegenüber konnte eine Unterbrechung oder Kontinuität in der ganzen Kulturentwicklung verursachen. Die entscheidende Rolle in dieser Hinsicht spielten die drei hervorragenden Begründer der christlichen Doktrin, das sogenannte Dreigestirn der Ostkirche: Gregorios der Theologe (ca. 329–390), Basilios der Große (ca. 330–379) und Johannes Chrysostomos (354–407). Ihre Tätigkeit, ihre Schriften und besonders ihre Stellung der hellenistischen Literatur und Bildung gegenüber sind in den Fachstudien vielfach analysiert worden; folglich ist es überflüssig, hier auf die wohlbekannten Einzelheiten einzugehen.

Alle drei erwähnten Kirchenfürsten hatten eine ausgezeichnete hellenistische Bildung bekommen: Gregorios und Basilios studierten, während ihrer Jugendjahre, in Athen bei dem Sophisten Himerios (geb. um 310), einem Vertreter der sogen. Zweiten Sophistik; Johannes dagegen war Schüler des berühmten Redners von Antiochia Libanios (314–393), des treuen Anhängers des griechischen Heidentums und eines Feindes des Christentums. Trotz eines gewissen verständlichen Vorbehaltes der hellenischen Kultur gegenüber war die Einstellung dieser hochgebildeten Glaubenslehrer, im Grunde genommen, positiv – was eine äußerst wichtige Rolle für die weitere Entwicklung des Ostchristentums gespielt hat. Die Reden Gregorios' des Theologen klangen so ähnlich wie die Prunkreden seines heidnischen Lehrers Himerios, so daß man ihn angeklagt hatte, die hellenische Rhetorik in die Kirche getragen zu haben. Wohl bekannt ist die – seinen Neffen gewidmete – kleine Schrift von Basilios von Cäsarea über die Notwendigkeit und den Vorteil des Studiums der antiken Literatur[7]. Obwohl sehr vorsichtig,

---

[7] St. Basile, Aux jeunes gens sur la manière de tirer profit des lettres helléniques. Texte établi et traduit par F. Boulanger. Paris 1935 („Les belles lettres"). Vgl. noch die Ausgabe, mit neugriechischer Übersetzung, von D. S. Mpalan u. A. N. Diamantopulos: Βασίλειος ὁ Μέγας καὶ τὰ ἑλληνικὰ γράμματα. Athen 1938. Zur Deutung

im Sinne des paulinischen (I Ad Thess. V,21) „Omnia autem probate: quod bonum est tenete" (in Luthers Übersetzung: „Prüfet aber alles, und das Gute behaltet"), empfiehlt der Kirchenlehrer den Jungen, sich mit der antiken Literatur zu beschäftigen. Sehr kennzeichnend ist endlich eine Episode aus der Biographie Libanios'. So berichtet der frühbyzantinische Historiker Sozomenos *(Hist. eccl.* VIII,2,2), daß, als man den berühmten auf dem Totenbette liegenden Redner fragte, wer am würdigsten sei, sein Nachfolger zu werden, er den Namen des Johannes Chrysostomos erwähnte, indem er aber „wenn ihn nicht die Christen gestohlen hätten" hinzufügte. – Auf diese Weise hatte die untergehende Antike einige ihrer besten literarischen Vertreter den Christen hinterlassen.

Es fehlt immer noch eine erschöpfende Untersuchung über die in Byzanz immer lebendige antike literarische Tradition, und diese Lücke werden nur Einzelstudien teilweise ausfüllen.

Ein Vergleich zwischen Byzanz und Westeuropa hebt hervor, daß die Antike eine viel stärkere Anziehungskraft auf Byzanz als auf Westeuropa ausübte. Die Byzantiner blieben stets mit der Antike aufs engste verbunden. Die Werke zahlreicher klassischer Schriftsteller wurden schon in den Schulen gelesen und studiert[8]. Im byzantinischen Reich gab es bis zu seinem Untergang Gelehrte, Schriftsteller und belesene Personen, die die antike literarische Tradition vortrefflich kannten. Während man in Westeuropa bis zum Spätmittelalter und der humanistischen Epoche warten mußte, um gewisse antike Autoren kennen zu lernen, waren diese für die Byzantiner seit allzeit wohl erreichbar und gut bekannt. Bemerkenswert in dieser Hinsicht ist das Beispiel des ‚poetarum

s. Hunger, ebda, 310ff.: „eine kleine Schrift…, die zu einem wichtigen Dokument des christlichen Humanismus werden sollte. … Die größte Nachwirkung erzielte die Schrift des Basileios im 15. Jahrhundert, als man sie von humanistischer Seite zur Beantwortung der aktuell gewordenen Frage heranzog: Wie weit verträgt sich Lektüre und Studium der heidnischen Autoren mit der Weltanschauung des christlichen Humanisten?…" Vgl. auch die Meinung P. Lemerle, Le premier humanisme byzantin. Notes et remarques sur l'enseignement et culture à Byzance des origines au Xᵉ siècle. Paris 1971, 44ff.

[8] Für allgemeine Information s.: Fr. Fuchs, Die höheren Schulen von Konstantinopel im Mittelalter. Leipzig 1926 (anastatischer Wiederabdruck: Amsterdam 1964). – L. Bréhier, Le monde byzantin. La civilisation byzantine. Paris (1970) 285ff., 384ff.; ders., L'enseignement classique et l'enseignement religieux à Byzance. Revue d'histoire et de philosophie religieuses, 21 (1941) 34–69. – Lemerle, ebenda, 43–73: ‚Le sort de l'hellénisme profane à Byzance pendant les trois premiers siècles de l'Empire', mit Hinweisen der älteren Literatur; ders., Byzance et la tradition des lettres helléniques. In: Académie Serbe des sciences et des arts, Conférences II. Belgrade 1962, 1–12.

pater' Homer. Die *Ilias* und die *Odyssee* wurden von den Byzantinern seit frühester Jugend viel gelesen und studiert, verschiedene Schriftsteller hatten sie paraphrasiert und erläutert[9]: Sie stellten, in der Tat, ein wahres kulturelles Gemeingut dar.

Gerade das Gegenteil beobachten wir in Westeuropa. Der berühmte Vertreter des italienischen Humanismus Francesco Petrarca (1304–1374) erhielt erst als fünfzigjähriger, um die Jahre 1353/54, eine griechische Handschrift der Ilias von dem byzantinischen diplomatischen Gesandten Nicolas Sigeros[10]. Aus Unkenntnis der griechischen Sprache blieb ihm aber dieser schon längst begehrte Schatz unzugänglich. „Donasti Homerum... Homerus tuus apud me mutus, imo vero ego apud illum surdus sum. Gaudeo tamen vel aspectu solo, et sepe illum amplexus ac suspirans dico: O magne vir, quam cupide te audirem"[11]. Der italienische Humanist und sein jüngerer Zeitgenosse und Freund Giovanni Boccaccio (1313–1375) mußte über ein Jahrzehnt warten, bis der aus Süditalien (Kalabrien) stammende Leontio Pilato (gestorben 1365) während der Jahre 1358–1362 eine wörtliche Übersetzung der Ilias anfertigte[12].

In seiner Erörterung des Themas ‚die Antike im Mittelalter' hebt Eduard Norden hervor, daß „die Bedeutung des Mittelalters auf literarhistorischem Gebiet in der Vermittlung der antiken Bildung für die moderne Zeit besteht"[13]. Der eminente Gelehrte hat diese Feststellung vor-

---

[9] Nur einige Beispiele zu erwähnen: Isaak Porphyrogennetos (identifiziert mit Isaak Komnene: 1057–1059) verfaßte zwei kleine Schriften zu Homer; s. K. Krumbacher – A. Ehrhard, Geschichte der byzantinischen Litteratur. 2. Aufl. München 1897, 525 ff. Johannes Tzetzes (geb. um 1110, gest. um 1180) verfaßte zwei Lehrgedichte in politischen Versen mit ‚Allegorien zur Ilias und Odyssee'; s. Krumbacher – Ehrhard, ebenda, 529 ff. Ausgabe bei P. Matranga, Anecdota graeca. I. Roma 1850, 1–295; vgl. noch Gy. Moravcsik, Byzantinoturcica. I. Die byzantinischen Quellen der Geschichte der Türkvölker. Berlin 1958², 342 ff. – C. Wendel, Tzetzes. Pauly – Wissowa, Real-Encyklopädie der class. Altertumswissenschaft (Stuttgart 1942) Sp. 1959–2012; vgl. dazu die Bemerkungen von F. Drexl: Byz. Zf. 42 (1942) 292 ff. Der Erzbischof von Thessalonike Eustathios (gest. um 1194) verfaßte Kommentare zur Ilias und Odyssee; s. Krumbacher – Ehrhard, ebda, 538 ff.; Moravcsik, ebda, 262. Der Historiker Nikephoros Gregoras (ca. 1290/91–1360) verfaßte eine Exegesis zu Homers Odyssee: Krumbacher – Ehrhard, 296 ff. Georgios Lakapenos (14. Jh.) schrieb eine Abhandlung ‚de figuris Homericis et canonismata in Homerum' (unveröffentlicht); Krumbacher – Ehrhard, 559, usw.

[10] A. Pertusi, Leonzio Pilato fra Petrarca e Boccaccio. Le sue versioni omeriche negli autografi di Venezia e la cultura greca del primo Umanesimo. Venezia – Roma (1964) 3 ff. Vgl. noch die Erwähnung bei N. Festa, Umanesimo. Milano 1935, 8 u. Anm. 1.

[11] Pertusi, ebenda, 4.

[12] Pertusi, ebenda, 161 ff.: ‚Le versioni omeriche di Leonzio Pilato'.

[13] E. Norden, Die antike Kunstprosa, vom VI. Jahrhundert v. Chr. bis in die Zeit der Renaissance. II. Leipzig 1898, 659.

wiegend in bezug auf Westeuropa geäußert, da sich seine Analyse auf Materialien der patristischen griechischen Literatur beschränkt[14]. Zweifelsohne betrifft die Feststellung sogar noch mehr Byzanz. Für die Byzantiner fügt E. Norden ein weiteres, sehr wichtiges Verdienst hinzu, nämlich die Übermittlung der antiken Kultur und besonders Literatur an die ‚Barbaren'. „Dieselben *Barbaren*, – schreibt er[15] – die anfangs als Zerstörer der uralten Kultur auftraten, erwiesen sich als ihre Beschützer, seitdem sie begannen, auf dem Boden dieser Kultur in friedlicher Arbeit neue Reiche zu gründen... Denn die antike Kultur wurde den Barbaren ja eben durch das Christentum vermittelt, und mit diesem übernahmen sie die Grundlage, auf der jene sich aufbaute – die alte Literatur." Auch hier nimmt E. Norden nur die westeuropäische Kulturentwicklung in Betracht. Nichtsdestoweniger gilt diese Behauptung für das byzantinische Reich und besonders für die orthodoxe Kirche von Konstantinopel, die durch ihre langjährige und eifrige missionarische Tätigkeit die Bekehrung zum Christentum der ‚barbarischen Völker' und dadurch die kulturelle Entwicklung im Bereich der Literatur förderte.

Besonders interessant in dieser Beziehung sind einige Momente aus der Lebensbeschreibung des Begründers des altslavischen Schrifttums, Konstantin des Philosophen – Kyrillos (826/27–869). Sein Biograph, der aller Wahrscheinlichkeit nach mit dem späteren Bischof von Ochrida Klemens zu identifizieren ist, berichtet[16]: Nach Vollendung der Ausbildung in den Elementarfächern widmete sich der junge Konstantin „dem Studium, saß in seinem Hause und lernte die Schriften des hl. Gregors des Theologen auswendig", natürlich in der griechischen Originalsprache. Der Junge war von den Werken des patristischen Schriftstellers so begeistert, daß er ihm seine erste Dichtung zueignete[17]. Das griechische Original ist verlorengegangen, dieses siebenzeilige Gedicht ist nur in der altkirchenslavischen Version erhalten[18]. Ein Zeugnis, daß

[14] Norden, ebenda, 572.

[15] Norden, ebenda, 662ff.

[16] Fr. Grivec, Fr. Tomšić, Constantinus et Methodius Thessalonicenses. Fontes. Zagreb 1960, 97: Vita Constantini-Cyrilli, Kap. III; S. 172 (moderne lateinische Übertragung). – Altbulgarischer Text und moderne bulgarische Übersetzung: Kliment Ochridski. Sŭbrani sŭčinenija. III. Prostranni žitija na Kiril i Metodij. Sofia 1973, 90, 121. Deutsche Übersetzung: J. Buinoch, Zwischen Rom und Byzanz. Leben und Wirken der Slavenapostel Kyrillos und Methodios nach den Pannonischen Legenden ... Verlag Styria (1972²) 57.

[17] Grivec, Tomšić, ebda, Kap. III: S. 97, 172. – Bujnoch, ebenda, 57.

[18] Originaltext (slavisch) und griechisch Rückübersetzung: I. Dujčev, Medioevo bizantino-slavo. II. Saggi di storia letteraria. Roma 1968, 98ff., wo auch die anderen bibliographischen Hinweise enthalten sind.

Konstantin mit den Schriften Gregorios' des Theologen, und zwar nicht nur mit den Reden und den Dichtungen, sondern auch mit dem Briefwechsel vertraut war, liefert sein Biograph[19]. So fand in Konstantinopel einige Jahre nach 843 eine öffentliche Diskussion mit dem abgesetzten Patriarch – Ikonoklast Johannes VII. dem Grammatiker (837–843) – statt[20]. Der Lebensbeschreibung Konstantins des Philosophen nach trat als Verteidiger der Ikonodulie eben Konstantin auf. Dabei verfaßte er sogar einen Bericht darüber[21], der später von seinem Biograph benutzt wurde. Auf die Aufforderung, an dieser Diskussion teilzunehmen, antwortete der Ex-Patriarch: „Im Herbst sucht man keine Blumen und ebenso jagt man auch nicht einen alten Mann, einen Nestor, in den Krieg wie einen Jungen." Diese Stelle der Biographie Konstantins ist nichts anderes als ein fast wortgetreues Zitat aus dem Brief Gregorios' des Theologen an seinen Neffen Nikobulos (ungefähr 372)[22]. Ob diese Worte von Johannes dem Grammatiker tatsächlich gesagt wurden, oder der Biograph sie ihm in den Mund, nach dem Bericht Konstantins, selbst gelegt hat, ist schwer zu sagen. Da Konstantin der Philosoph ein guter Kenner und eifriger Verehrer Gregorios' des Theologen war, scheint die zweite Möglichkeit wahrscheinlicher zu sein.

Die Erwähnung Nestors ist in anderer Hinsicht beachtenswert. Nestor, zitiert von Gregorios, ist kein anderer als der berühmte homerische Held, betrachtet als ‚Typus, ja als Ideal des Greises'[23]. Diese Erwähnung des homerischen Helden weist folglich nicht nur auf die klassische Bildung Gregorios', sondern auch auf die des slavischen Lehrers hin: Konstantin der Philosoph hatte gleichfalls eine gewisse klassische Bildung in seiner Jugend bekommen. Sein Biograph schreibt[24]: „als er in die Kaiserstadt gekommen war, übergab man ihn den Lehrern, damit er lerne. Innerhalb von drei Monaten eignete er sich die ganze Grammatik an und machte sich darauf an die übrigen Fächer. Er lernte

[19] Grivec, Tomšić, ebenda, Kap. V: 101 ff., 177 ff.

[20] Fr. Dvornik, Les légendes de Constantin et de Méthode vues de Byzance. Praha 1933 (Wiederausgabe: Academic International 1969), 71 ff. – Fr. Grivec, Konstantin und Method Lehrer der Slaven. Wiesbaden 1960, 37 ff.

[21] Vgl. Grivec, ebda, 37: „... die Episode sei nach einer Schrift oder einem Aufsatz Konstantins frei und sehr abgekürzt dargestellt."

[22] Migne, P. Gr., XXXVII (1862) coll. 107–108, ep. LII. Vgl. darüber: I. Dujčev, Costantino Filosofo-Cirillo e Giovanni VII Grammatico. Zbornik radova Viz. Instituta 12 (1970) 15–19; ders., Nestor in the Life of Constantine-Cyrill. Studia palaeoslovenica. Praha 1971, 73–76. Anders bei B. Panzer, Die Disputationen in der altkirchenslavischen Vita Constantini. Zf. f. slavische Philologie, 34, Hf. 1 (1968) 66 ff.

[23] J. Schmidt, Nestor. PWRE, XVII (1937) Sp. 107 ff., speziell Sp. 119.

[24] Grivec, Tomšić, ebda, 99, 173 ff.: VC, Kap. IV. – Vgl. Bujnoch, ebda. 59.

den *Homer*, Geometrie und bei Leo[25] und Photios[26] Dialektik und alle philosophischen Disziplinen, außerdem noch Rhetorik und Arithmetik, Astronomie und Musik sowie alle anderen hellenischen Wissenschaften (jelin'skym choudož'stvom')." Beachtenswert sind hier die Namen Leo und Photios: Beide sind die hervorragendsten Vertreter des sogen. ersten byzantinischen Humanismus[27]. Einen Einfluß der homerischen Sprache erkennen wir auch anderswo bei Konstantin dem Philosophen. Nach der Reise in das Chazarenland und auf die Krim im Jahre 860/61 hat er eine ausführliche Erzählung *(Diégesis)* in griechischer Sprache darüber verfaßt, die nur in altbulgarischer Version erhalten ist[28]. Hier hat er u. a. ein spezifisch homerisches Eigenschaftswort ἀλέξανδρος ,viros . . . defendens' gebraucht[29].

Der Einfluß der hellenischen Literatur kam also zu den Bulgaren sowie zu den anderen Slaven des 9. Jhs. über zwei verschiedene Wege: erstens durch die Vermittlung der klassisch gebildeten patristischen Autoren, wie Gregorios des Theologen und Basilios von Cäsarea, und zweitens durch die Vermittlung von Byzanz und der Vertreter des byzantinischen Humanismus. Dieser Einfluß begrenzte sich aber nicht nur auf Konstantin den Philosophen, sondern er ging weiter zu seinen Schülern. Die Lebensbeschreibung Konstantin-Kyrills verrät Elemente solchen literarischen Einflusses[30]. Einen Einfluß Gregorios' des Theologen, besonders seiner berühmten Grabrede für Basileios von Cäsarea[31], die sehr viele hellenistische Besonderheiten widerspiegelt, entdeckt man auch in

[25] Es handelt sich um den berühmten Leon den Mathematiker. Über ihn s.: Lemerle, ebenda, 148–176: ,Léon le Philosophe (ou le Mathématicien) et son temps', mit der angeführten Literatur. – P. Speck, Die kaiserliche Universität von Konstantinopel. München (1974) 1–13: ,Leon der Philosoph und die Gründung des Bardas'.

[26] Der Patriarch von Konstantinopel Photios (858–867, 876–886). Vgl. Fr. Dvornik, La carrière universitaire de Constantin le Philosophe. Byzantinoslavica, 3 (1931) 59–67; ders., Les légendes, 43ff. – Lemerle, ebda, 177ff. – Speck, ebda, 14–21: ,Photios und Konstantinos-Kyrillos als Lehrer'.

[27] Vgl. aber die Bedenken von Lemerle, ebenda, 163: ,,Que Constantin n'a pas été l'élève de Léon ni de Photios'.

[28] Dujčev, Medioevo bizantino-slavo, II, 104ff.

[29] I. Dujčev, Zur literarischen Tätigkeit Konstantins des Philosophen. Byz. Zf. 44 (1951) 105–110, abgedruckt in Medioevo, II, 69–76; Ergänzungen ebenda 597ff.

[30] Zur Frage s. die grundlegenden Studien von V. Vavřinek, Staroslověnské životy Konstantina a Metoděje a panegyriky Řehore z Nazianzu. In: Listy filologické 85 (1962) 96–122; ders., Staroslověnské životy Konstantina a Metoděje. Praha 1963. – T. Sŭbev, Vlijanie na sv. Grigorij Nazianski vŭrchu s. Kiril Slavjanobŭlgarski. In: Godišnik (= Jahrbuch) d. Theolog. Akademie Sofia 18 (44) (1971) 255–279; meine Bemerkungen dazu in Byz. Zf., 65 (1972) 154.

[31] Migne, P. Gr., XXXVI, Sp. 493–606.

der Lebensbeschreibung des Erzbischofs Method, des Bruders Konstantins des Philosophen[32].

Da die Byzantiner die antike literarische Tradition kannten und sogar unter den ‚Barbaren‘ propagierten, kann von einer ‚Wiederbelebung‘ des klassischen Altertums in Byzanz kaum die Rede sein. Im Gegensatz zu den Menschen Westeuropas war es für den Byzantiner nicht nötig, das klassische Altertum als etwas Neues zu ‚entdecken‘. Die antike Kultur lebte während des Mittelalters als ein grundlegender Bestandteil der byzantinischen Kultur fort. Die Byzantiner näherten sich der antiken Literatur jedoch mit vorwiegend ‚formalen‘ Kriterien und suchten dort vor allem Muster sprachlichen und stilistischen Charakters, sowie allerlei rhetorische Verzierungen. Byzanz strebte immer danach, „christliche Literatur in heidnischen Formen" zu schaffen[33]. Es ist aber übertrieben, das für die gesamte byzantinische Entwicklung zu behaupten. In diesem Zusammenhang bemerkenswert sind die Auffassungen des italo-byzantinischen Philosophen aus dem 11. Jh., Johannes Italos[34]. Die byzantinischen Zivil- und Kirchenbehörden sahen sich genötigt, im Jahre 1082 über seine philosophischen Auffassungen eine Untersuchung anzustellen[35]. Der Beschluß wurde in dem Synodikon der konstantinopolitanischen Kirche formuliert[36]. Beachtenswert ist der Bannfluch gegen den Philosophen und seine Schüler: Sie studierten nicht nur die hellenische Lehre und lernten sie mit der einzigen Absicht, sich auszubilden, sondern folgten ihren Ideen: *Τοῖς τὰ ἑλληνικὰ διεξιοῦσι μαθήματα καὶ μὴ διὰ παίδευσιν μόνον ταῦτα παιδευομένοις, ἀλλὰ καὶ δόξαις αὐτῶν ταῖς ματαίαις ἑπομένοις καὶ ὡς ἀληθέσι πιστεύουσι..., ἀνάθεμα.*

---

[32] Fr. Grivec, Prvo oglavje žitija Metodija. Belićev Zbornik. Beograd 1937, 135–140. – I. Dujčev, Iz starata bŭlgarska knižnina. I. Knižovni i istoričeski pametnici ot pŭrvoto bŭlgarsko carstvo. Sofia 1943², 190 ff.

[33] Vgl. Norden, ebenda, 662.

[34] Grundlegende Publikation: Ioannis Itali Opera. Textum graecum secundum collationem a Gregorio Cereteli confectam, edidit et praefactione instruxit N. Ketschakmadze. Tbilisi 1966. Siehe noch: I. Dujčev, L'umanesimo di Giovanni Italo. Medioevo bizantino-slavo. I, 321–326; 468 Ergänzungen; ders., Riflessi della religiosità italo-greca nel mondo slavo ortodosso. In: La Chiesa greca in Italia dall'VIII al XVI secolo. Padova 1973, 185 ff. – P. Stephanou, Jean Italos, philosophe et humaniste. Roma 1949.

[35] V. Grumel, Les regestes des actes du Patriarcat de Constantinople. I. Les actes des patriarches. III. Les regestes de 1043 à 1206. Socii Assumptionistae 1947, nrr. 923/27; nr. 907.

[36] F. I. Uspenskij, Sinodik v nedělju pravoslavija. Svodnyj tekst s priloženijami. Odessa 1893, 14 ff. – J. Gouillard, Le Synodikon de l'Orthodoxie. Edition et commentaire. In: Travaux et mémoires 2 (Paris 1967) 57 ff. Mittelalterliche bulgarische Übersetzung: M. G. Popruženko, Sinodik carja Borila. Sofia 1928, 32 ff.

Die Synode beschuldigte Johannes Italos und seine Schüler, sie hätten versucht, in die orthodoxe Kirche die ‚gottlosen Dogmen der Hellenen‘ (τὰ τῶν Ἑλλήνων δὲ δυσσεβῆ δόγματα) einzuführen. Sie zögen ‚die absurde sogen. Weisheit der profanen Philosophen vor und befolgten diese Lehren‘ (Τοῖς τὴν μωρὰν τῶν ἔξωθεν φιλοσόφων λεγομένην σοφίαν προτιμῶσι καὶ τοῖς καθηγηταῖς αὐτῶν ἑπομένοις) mit deren Auffassungen über die Metempsychosis. Der Philosoph und seine Anhänger wurden weiter beschuldigt, daß sie ‚die Weisen der Hellenen und die Ersten unter den Haeresiarchen‘ (οἱ τῶν Ἑλλήνων σοφοὶ καὶ πρῶτοι τῶν αἱρεσιαρχῶν), trotz der Verdammung der ökumenischen Synoden, als viel besser als die Orthodoxen, hier auf Erden sowie ‚vor dem Jüngsten Gericht‘ betrachteten und behaupteten, daß sie (die Heiden) ‚infolge menschlicher Leidenschaft oder Versehen gesündigt hatten‘ (κρείττονες εἰσὶ κατὰ πολὺ καὶ ἐνταῦθα καὶ ἐν τῇ μελλούσῃ κρίσει τῶν εὐσεβῶν μὲν καὶ ὀρθοδόξων ἀνδρῶν, ἄλλως δὲ κατὰ πάθος ἀνθρώπινον ἢ ἀγνόημα πλημμελησάντων). Ferner sagte man, daß für den Philosophen und seine Schüler die ‚platonischen Ideen‘ als Wahrheit galten. Der Versuch jedoch, die christliche Lehre mit den ‚gottlosen Dogmen‘ des hellenischen Heidentums in Einklang zu bringen, scheiterte elend: Nach der Synode in Konstantinopel verschwand der Philosoph Johannes Italos für immer.

Durch die Verdammung des Philosophen-Häretikers gewann die offizielle Deutung der hellenischen Kultur und Bildung die Oberhand. Es taucht aber die Frage über die Voraussetzungen und Formen der ‚Verbindung‘ zwischen Hellenismus und Christentum in Byzanz auf. Ist hier ein Kompromiß und sogar ein Synkretismus, wie das E. Norden vorgeschlagen hat[37], „une sorte de compromis" (P. Lemerle[38]) oder endlich (mit A. Garzya[39]:) „un fecondo processo di osmosi" wahrzunehmen? Um ein Schöpfen aus dem Schatz der heidnischen Antike theoretisch zu rechtfertigen, verfolgten die Byzantiner verschiedene Wege. Der bequemste war die allegorische Deutung, angewandt von der orthodoxen Kirche sowie von den Häretikern. Die sogen. Typologie, d. h. in den Personen und den Ereignissen des Alten Testamentes nur ‚*praefigurationes*‘ des Neuen Testamentes und der frühchristlichen Zeit zu

[37] Norden, ebenda, 464ff.: ‚Kompromiß zwischen Heidentum und Christentum‘, 468: ‚Die weltgeschichtliche Macht des Synkretismus zwischen Heidnischem und Christlichem...‘ (für die frühere Periode).
[38] Vgl. Lemerle, ebenda, 48.
[39] A. Garzya, Sur rapporto fra teoria e prassi nella grecità tardoantica e medievale. In: Scritti in onore di Cleto Carbonara. Napoli 1976, 371.

sehen[40], ist, streng genommen, nur eine allegorische Auslegung, durch die die doktrinale Einheit zwischen den zwei heiligen Büchern zustande gebracht wird[41], was sich durch Schriften und Bilder verwirklichen ließ. Die Methode der Allegorie war bei einigen der größten Vertreter der patristischen Epoche sehr beliebt.

Hier sei an erster Stelle der Name des Klemens von Alexandreia (ca. 150–215) erwähnt[42], eines der wichtigsten Vertreter der frühpatristischen Zeit. Angesehen als ‚der erste gebildete Christ‘, besaß Klemens ungewöhnlich große Kenntnisse in der antiken griechischen Literatur, wie das auch aus den zahlreichen Zitaten in seinen Werken hervorgeht. Bedeutungsvoll ist sein Werk ‚Stromata‘, wo er das Problem der Einstellung des Christentums der hellenischen Tradition gegenüber erörtert und eine bemerkenswerte Kompromißlösung darlegt[43]. Zu unterstreichen ist seine Auffassung, die hellenische Bildung sei ein Werk der göttlichen Vorsehung: die hellenische Weisheit sei nichts anderes als die Weisheit der alttestamentlichen Propheten und zunächst Moses’. Die Weisheit der Hellenen sowie die Weisheit der Christen habe nur eine gemeinsame Urquelle: Gott. Woher sie auch stamme, die Weisheit sei nur eine ‚Vorschule‘ ($\pi\varrho o\pi\alpha\iota\delta\varepsilon i\alpha$) zu christlicher Vollendung. Da jede Philosophie ‚von Gott‘ ($\vartheta\varepsilon\acute{o}\vartheta\varepsilon\nu$) herkomme, sei es erlaubt, alles was positiv sei, auszuwählen, ungeachtet wo man es finde[44]. Klemens selbst gibt ein Beispiel dafür: Zur Bekräftigung seiner eigenen Argumente zugunsten des Christentums führt er Äußerungen zahlreicher heidnischer griechischer Schriftsteller und Philosophen an. Die Griechen hätten, gesteht Klemens, die hebräische Weisheit durch die Übersetzung der Septuaginta zu wissen bekommen[45]. Ohne die Chronologie gerade zu beachten,

[40] S. hauptsächlich J. Daniélou, Sacramentum Futuri. Etudes sur les origines de la typologie biblique. Paris 1950; ders., Bible et liturgie. La théologie biblique des Sacrements et des fêtes d’après les Pères de l’Eglise. Paris 1951.

[41] Vgl. I. Dujčev, L’interprétation typologique et les discussions entre hérétiques et orthodoxes des Balkans. In: Balcanica VI (Beograd 1975) 37–50.

[42] Über ihn s.: B. Altaner, Patrologie, §§ 148–150. – Cl. Mondésert, Clément d’Alexandrie. Introduction à l’étude de sa pensée religieuse à partir de l’Ecriture. Paris 1944. – Norden, ebda, 674ff. – Hunger, ebenda, 300ff.

[43] Clément d’Alexandrie, Les Stromates. I.–II. Introduction de Cl. Mondésert, traduction et notes de M. Caster. Paris, Sources Chrétiennes 1954. Siehe darüber: A. Méhat, Etude sur les ‚Stromates‘ de Clément d’Alexandrie. Paris (1966).

[44] Clément d’Alexandrie, Les Stromates, I, 72ff.; vgl. Introduction, 38: „C’est le Logos qui est à l’origine de toute sagesse...“

[45] Clément d’Alexandrie, ebda, II, 152ff. Die Auffassung über die althebräische Herkunft der hellenischen Weisheit s. auch Johannes Damascenos: B. Kotter, Die Schriften des Johannes von Damaskos. II. Expositio fidei. Berlin – New York 1973, Kap. 33: S. 86,5ff.

behauptet der patristische Schriftsteller, Moses hätte viel früher als die ältesten griechischen Philosophen und Dichter gelebt und gelehrt: er hätte existiert, sagt Klemens, *vor* allen altgriechischen Weisen und Dichtern[46]. Mit einer komplizierten Komputation versucht er auch, die anderen hebräischen Propheten in eine vorgriechische Epoche zu setzen[47]. Platon, behauptet Klemens weiter, wäre nur ein Schüler von Moses: der letztere hätte auch die platonischen Auffassungen über Politik, Gesetzgebung und sogar Dialektik beeinflußt[48]. So kommt man zu der Auffassung von einem ‚Diebstahl‘ oder ‚Plagiat‘ seitens der heidnischen Griechen der althebräischen Weisheit gegenüber[49]. Indem Klemens zu dem Schluß kommt, ‚die Wahrheit sei einzig‘, im Gegensatz zu der Lüge[50], enthüllt er am klarsten die Versöhnung zwischen Heidentum und Christentum.

Der Schüler Klemens’ von Alexandreia, Origenes (ca. 185–250), ‚der größte Erudit des christlichen Altertums‘, hatte von den Stoikern die Kunst der allegorischen Deutung der heidnischen Mysterien gelernt, die er weiter auf die Interpretierung der Bücher des Alten Bundes und der heidnischen Schriften übertrug. In engstem Zusammenhang damit steht sein ‚Versuch, das Erbe der heidnischen griechischen Denker in seine Darstellung der kirchlichen Lehre mit hineinzunehmen‘, was, nach der trefflichen Bemerkung von H. Hunger[51], ‚einen Markstein in der Geschichte der christlichen Theologie‘ bezeichnete. Da das Studium der antiken Denker eine Art von ‚Propaideia‘ und ‚Vorstufe‘ zur Philosophie und Frömmigkeit darstelle, verpflichtete Origenes seine Schüler, die hellenischen Philosophen und Dichter zu studieren[52].

Die Auseinandersetzungen über die Einstellung zu dem heidnischen Kultur- und Literaturerbe dauerten weiter an, während man einer positiven Würdigung dieser Erbschaft immer näher kam. Einen neuen und entscheidenden Schritt in dieser Richtung stellte die Schrift von Theodoret von Cyrus (ca. 363–460) dar, die einen vielsagenden Titel

---

[46] Clément d’Alexandrie, ebenda, II, 97 ff., 104 ff., usw.

[47] Clément d’Alexandrie, ebenda, II, 126 ff.

[48] Clément d’Alexandrie, ebenda, 153, 164 ff., 173 ff.

[49] Clément d’Alexandrie, ebenda, II, 109 ff.

[50] Clément d’Alexandrie, ebenda, 91 ff.: Μιᾶς τοίνυν οὔσης τῆς ἀληθείας – τὸ γὰρ ψεῦδος μυρίας ἐκτροπὰς ἔχει . . .

[51] Hunger, ebenda, 306. Über Origen s.: Altaner, a.a.O., §§ 151–152. – Norden, a.a.O., 675 ff. In bezug auf die allegorische Deutung s. W. den Boer, Allegory and History. In: Romanitas et Christianitas. Studia J. H. Waszink . . . oblata. Amsterdam – London 1973, 15–27.

[52] Hunger, a.a.O., 307.

‚Graecarum affectionum curatio' (Ἑλληνικῶν θεραπευτικὴ παθημάτων) trägt[53]. Ein Nebentitel erklärt besser das vom Verfasser verfolgte Ziel: ‚Die Erkenntnis der evangelischen Wahrheit durch die hellenische Philosophie' (Εὐαγγελικῆς ἀληθείας ἐξ Ἑλληνικῆς φιλοσοφίας ἐπίγνωσις). Das Werk – die letzte und vielleicht auch die schönste der Apologien der christlichen Antike gegen das Heidentum (B. Altaner) – bringt allerdings wenig Originelles vor: In ihm sind die Auffassungen der früheren Kirchenlehrer nur weiterentwickelt und in einer prägnanten Weise ausgedrückt. Theodoret hat scheinbar den vollen Einklang zwischen heidnischer Weisheit und christlicher Doktrin erreicht. Mit außerordentlichen Kenntnissen auf dem Gebiet der antiken Literatur ausgerüstet, zitiert er eine Fülle hellenischer Verfasser, aus deren Schriften er Argumente und Zitate zugunsten der christlichen Lehre suchte.

So kam es zu einem endgültigen Kompromiß zwischen der heidnischen Antike und dem Christentum, der für die weitere historische Entwicklung geltend blieb. Von diesem doktrinären Standpunkt ausgehend, war es leicht für die späteren, oftmals anonymen Autoren, noch einen Schritt weiter zu gehen: Man legte in den Mund der antiken Schriftsteller und Denker Aussprüche und Prophezeiungen für das Christentum. Meistens handelte es sich nur um eine *pia fraus* – d. h. eine willkürliche Deutung oder sogar eine Mystifikation. So entstanden schon während der frühmittelalterlichen Zeit mehr oder weniger ausführliche Schriften mit Prophezeiungen über die Trinität, über die Mutter Gottes usw.

Großes Verdienst für die Erforschung und Herausgabe dieser Schriften – Theosophien genannt – hat Adolph von Premerstein[54]. Während des letzten Krieges gab der bekannte deutsche Philologe H. Erbse eine reiche Sammlung heidnischer Aussprüche heraus[55]. Leider ist seine Publikation, der Umstände der Zeit wegen, fast unbekannt geblieben[56]. Die Prophezeiungen aus der heidnischen Antike fanden eine sehr große Verbreitung, zunächst auf literarischem Gebiet. Diese Literatur wurde in gewissem Maße auch bei den orthodoxen Slaven als Florilegien übersetzt und

[53] Die kritische Ausgabe von N. Festa: Teodoreto … Terapia dei Morbi pagani. Vol. I (libri I.–VI.). (Firenze 1931). Unerreichbar ist mir die Ausgabe von J. Raeder: Theodoreti Graecarum affectionum curatio ad codices optimos denuo collatos, Leipzig 1904.

[54] Siehe oben, Anm. 5.

[55] H. Erbse, Fragmente griechischer Theosophien. In: Hamburger Arbeiten zur Altertumswissenschaft, Bd. 4 (Hamburg 1941).

[56] Vgl. z. B. F. D(ölger): Byz. Zf., 41/2 (1942) 503–504.

mehrmals abgeschrieben[57]. Die von H. Erbse herausgegebene Spruchsammlung enthält – unter der allgemeinen Bezeichnung Χρησμοί – prosaische sowie poetische Texte. Häufig sind diese Aussprüche anonym, aber um ihnen größeres Gewicht zu verleihen, wurden sie oft bekannten Persönlichkeiten zugeschrieben[58]. So wurden wohlbekannte Namen aus dem griechischen Heidentum als Autoren dieser Sprüche bezeichnet: Apollo, nicht aber in der Eigenschaft als heidnischer Gott, sondern als ‚ein gewisser Weiser‘ (σοφός τις), dem zahlreiche solche Kleinstücke zugeschrieben wurden; Artemis, Hermes, Orpheos, Platon, Plutarchos, Solon, Aristoteles, Porphyrios, Iambilichos, der große Historiker Thukydides – als Rhetor, der infolge göttlicher Inspiration prophezeite –, weiter das Orakel von Delphi, Sophokles, Menandros, die ‚Sieben Weisen‘ des Altertums usw. Im allgemeinen handelt es sich um Prophezeiungen von Göttern, Philosophen und Schriftstellern. Aller Wahrscheinlichkeit nach stammen diese Texte, vereinzelt oder in Spruchsammlungen, aus einer viel älteren Epoche, nach einigen Vermutungen aus dem 4.–5. Jh., als der Antagonismus der Kirche sich schon erschöpft hatte und sich die christliche Doktrin mit dem Denken der antiken griechischen Welt versöhnte. Sehr verbreitet waren diese Texte während des 14.–15. Jh. vor dem Untergang der Balkanstaaten und des byzantinischen Reiches. Die positive Einstellung zu den Zeugnissen über das Christentum der altgriechischen Heiden ist ausdrücklich angekündigt: "Οτι οὐ δεῖ ἀποβάλλειν τὰς τῶν σοφῶν ἀνδρῶν ῾Ελλήνων περὶ τοῦ θεοῦ μαρτυρίας. ἐπεὶ γὰρ οὐκ ἔστι τὸν θεὸν τοῖς ἀνθρώποις φαινόμενον διαλέγεσθαι, τὰς τῶν ἀγαθῶν ἀνδρῶν ἐννοίας ἀνακινῶν ἐκείνας διδασκάλους τῷ πολλῷ

---

[57] M. N. Speranskij, Perevodnye sborniki izrečenija v slavjanorusskoj pis'mennosti. Issledovanija i teksty. Moskau 1904, S. 103–104: Priloženie. – Kazakova, „Proročestva ellinskich mudrecov", 358ff. (oben Anm. 6). – P. Popović, Konstantin Filosof i izreke ‚mudrich Ielina‘. In: Prilozi, 16 (1936) 320. – I. Dujčev, Konstantin Filosof i ‚predskazanijata na mŭdrite elini‘. Zbornik radova Vizant. inst. 4 (1956) 149–155; ders., in: Byzantinoslavica 19 (1958) 342. In der Biographie des serbischen Despoten Stephan Lazarević (1389–1427) schob Konstantin Kostenecki einige Passagen aus einem anonymen byzantinischen Schriftchen des 6. Jhs. ein, in denen altheidnische Persönlichkeiten, nämlich Thukydides, Aristoteles, Hermes Trismegistos, Astakis und Thoulis, als Verkünder des Christentums erwähnt sind. S. die Texte im Urtext und in moderner bulgarischer Übersetzung bei I. Dujčev, Estestvoznanieto v srednovekovna Bŭlgarija. Sbornik ot istoriceski izvori. Sofia 1954, 244ff.

[58] So ein anonymer Text von Sprüchen, herausgegeben von A. v. Premerstein, Ein pseudo-athanasianischer Traktat mit apokryphen Philosophensprüchen im Codex Bodleianus Roe 5. In: Εἰς μνήμην Σπ. Λάμπρου. Athen 1935, 177–189, bereichert mit Darstellungen, ist dem berühmten Kirchenlehrer, dem Erzbischof von Alexandreia Athanasios (295–373), zugeschrieben.

ὄχλῳ παρέχεται. ὥστε ὅστις ἀϑετεῖ τὰς τοιαύτας μαρτυρίας, ἀϑετεῖ καὶ τὸν ϑεὸν τὸν ἐπὶ ταύτας κινήσαντα, d. h.: „Man muß nicht die Beweise der hellenischen Weisen über Gott ablehnen. Es ist also nicht Gott, der sichtbar zu den Menschen spricht, sondern er stimuliert die Gedanken der guten Leute und macht so diese Leute zu Erziehern für die große Menschenmenge. Wer also diese Beweise zurückweist, der verwirft auch Gott, der sie hervorgebracht hat."[59] Bei dieser Fragestellung erregten Übertreibungen und Widersprüche keinen Zweifel, obwohl diese klar als solche ersichtlich waren – so z. B. wenn Apollo von dem hebräischen Propheten Moses[60], oder wenn Platon von Zeus spricht[61], und diese Worte als Invokation auf den Christengott gedeutet wurden.

So machten sich die Byzantiner die reiche Antike zu eigen, aber in ihrer eigenen Art. Mit vorgefaßten Ideen sahen sie die heidnische Antike nur oder vorwiegend im Lichte der kirchlichen Doktrin. Dieser Interpretierung zufolge blieb das heidnische Altertum an sich eine dem Christentum diametral entgegengesetzte Welt und eine fremde und unerreichbare Realität. Deswegen kam es in Byzanz und in der Slavia Orthodoxa niemals wirklich zu Humanismus und Renaissance, wie es in Westeuropa damals geschah. So kann man für diese Länder in gewissem Sinne nur von einer ‚Vorrenaissance‘, die sich aber nie weiter entwickelte und vollendete, sprechen.

Die Darlegung dieser Tatsachen über das geistige Leben in Byzanz wäre unvollständig, wenn wir nicht noch einen wichtigen Faktor militärpolitischer Art in Betracht nähmen, nämlich die osmanische Eroberung des Südosten Europas, die sich über die ganze Periode des 14.–15. Jhs. ausprägte. Ungefähr 20 Jahre vor 1474, als Jörg Syrlin der Ältere das Chorgestühl im Ulmer Münster mit den Figuren der heidnischen lateinischen und griechischen Denker und Schriftsteller verzierte[62], hatten die Türken Konstantinopel erobert (Mai 1453) und damit das tausendjährige byzantinische Reich zugrunde gerichtet. Im Westen und Osten, in den Territorien des byzantinischen Kultureinflusses und in den westeuropäischen Ländern, waren während des 15.–17. Jahrhunderts die

---

[59] Erbse, a.a.O., 168 § 7.
[60] Erbse, a.a.O., 177 § 44.
[61] Erbse, a.a.O., 176 § 40; 204 §§ 3–4; 211 § 11; 214 § 7; 217 § 6; 218 § 5; 221 § 5.
[62] H. Seifert, Das Chorgestühl im Ulmer Münster. Langewiesche Bücherei s. a.

Sprüche der Heiden als Prophezeiungen für das Christentum sehr im Umlauf. Bilder und Statuen dieser Heiden waren Gegenstand der Kunst. Die Anregungen dafür aber waren grundsätzlich verschieden: In Westeuropa stellte das einen Ausdruck der humanistischen Stimmung dar, im byzantinisch-slavischen Osten dagegen eine Waffe für die Bekräftigung des schwer bedrohten Christentums. Das Vordringen der Osmanen zerstörte nicht nur die politische und militärische Macht der christlichen Staaten, sondern erschütterte die geistigen Grundlagen der christlichen Gesellschaft[63], da der Islam nicht nur eine politisch-militärische Macht, sondern auch eine religiöse Lehre und eine neue Weltanschauung darstellte. „Die christliche Religion in ihrer spezifisch griechischen Ausprägung als Inbegriff des byzantinischen Geistes und zugleich als Gegenstück zum römischen Katholizismus blieb den Griechen wie auch den Süd- und Ostslaven das Heiligste vom Heiligen", betont der eminente Kenner der byzantinischen Geschichte G. Ostrogorsky[64]. Aber sie war auch die letzte Zuflucht gegen den vordringenden Feind. Sie ist also nicht als Erudition über die Vergangenheit, sondern als eine Bekräftigung der christlichen Doktrin und Verteidigung der eigenen Existenz zu betrachten. Nicht immer war die Verkleidung der Heiden als Christen oder sogar als christliche Heilige geglückt. Die orthodoxe Kirche aber gewann symbolisch dadurch neue Verteidiger gegen den Islam, was jede Abweichung von der historischen Wahrheit rechtfertigte: Es war nicht die Zeit, darauf zu achten, sondern das Möglichste zu tun, um am Leben zu bleiben, in einer weiteren geschichtlichen Perspektive.

[63] Über die Einzelheiten s. I. Dujčev, Die Krise der spätbyzantinischen Gesellschaft und die türkische Eroberung des 14. Jahrhunderts. In: Jahrbücher für Geschichte Osteuropas, N. F., Bd. 21, Hf. 4 (1973) 481–492; ders., Medioevo bizantino-slavo, II, 253–261: ‚Le patriarche Nil et les invasions turques vers la fin du XIVᵉ siècle'; Ergänzungen, 609 ff.; ders., Bŭlgarsko srednovekovie, 567 ff.; ders., Contribution à l'histoire de la conquête turque en Thrace aux dernières décades du XIVᵉ siècle. Etudes balkaniques, IX, Hf. 2 (1973) 80–92.

[64] G. Ostrogorsky, Geschichte des byzantinischen Staates. München 1963³, 473.

Abbildungen

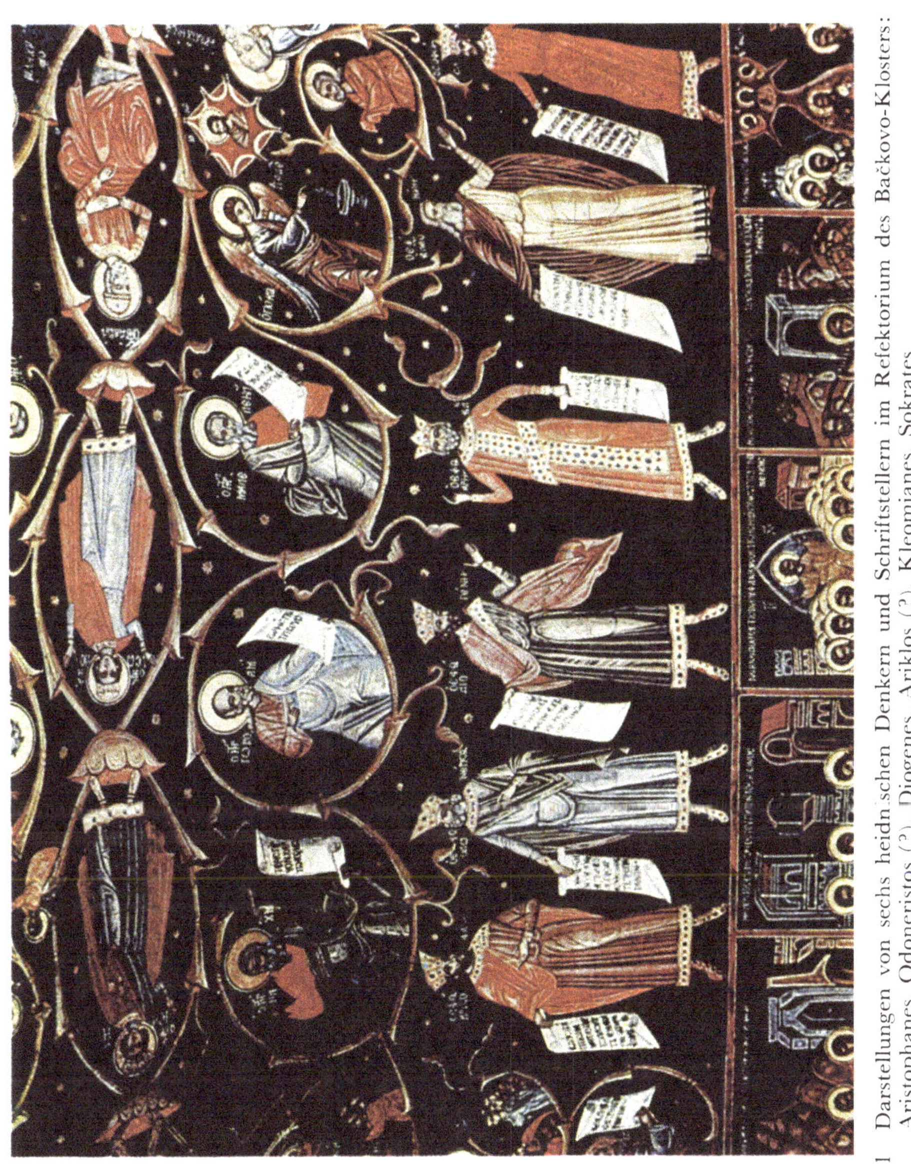

1 Darstellungen von sechs heidnischen Denkern und Schriftstellern im Refektorium des Bačkovo-Klosters: Aristophanes, Odoneristos (?), Diogenes, Ariklos (?), Kleomianes, Sokrates

2 Darstellungen der Sibylle, Platon und Plutarchos im Refektorium des Bačkovo-Klosters

3   Darstellungen von Okyaros (?), Aristoteles und Galenos im Refektorium des Bačkovo-Klosters

4   Darstellung des „Weisen" Diogenes im Refektorium des Bačkovo-Klosters
(Einzelheit)

5   Die Schriftrolle in der Hand von Diogenes (Refektorium des Bačkovo-Klosters,
Einzelheit)

6 Darstellung von Kleomianos (Refektorium des Bačkovo-Klosters, Einzelheit)

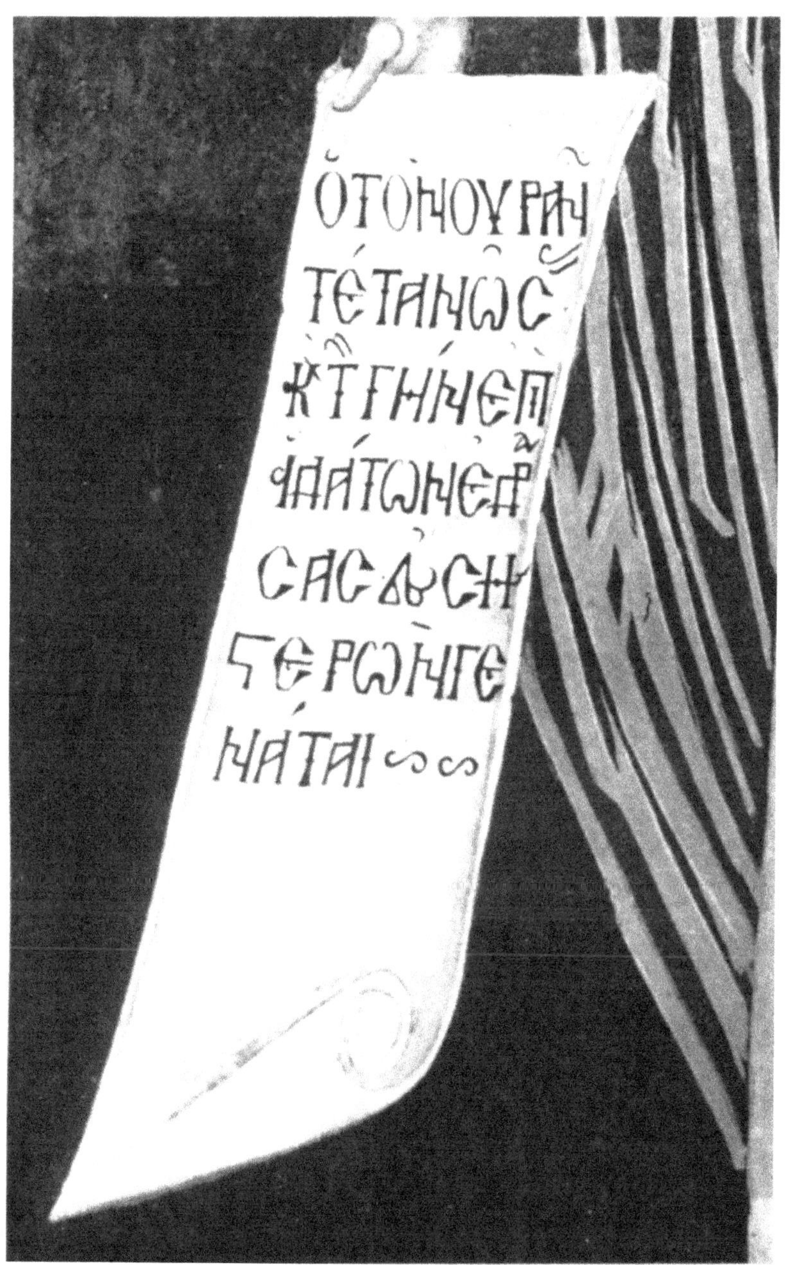

7   Die Schriftrolle in der Hand von Kleomianos (Refektorium des
Bačkovo-Klosters, Einzelheit)

8 Homer und Aristoteles als christliche Heiligen (Einzelheit, Kirche ‚Nativitas Christi‘, Arbanassi)

Veröffentlichungen
der Arbeitsgemeinschaft für Forschung des Landes Nordrhein-Westfalen,
jetzt: Rheinisch-Westfälische Akademie der Wissenschaften

Neuerscheinungen 1968 bis 1976

Vorträge G
Heft Nr.
GEISTESWISSENSCHAFTEN

145	*Heinz-Dietrich Wendland, Münster*	Die Ökumenische Bewegung und das II. Vatikanische Konzil
146	*Hubert Jedin, Bonn*	Vaticanum II und Tridentinum
147	*Helmut Schelsky, Münster*	Schwerpunktbildung der Forschung in einem Lande
	Ludwig E. Feinendegen, Jülich	Forschungszusammenarbeit benachbarter Disziplinen am Beispiel der Lebenswissenschaften in ihrem Zusammenhang mit dem Atomgebiet
148	*Herbert von Einem, Bonn*	Die Tragödie der Karlsfresken Alfred Rethels
149	*Carl A. Willemsen, Bonn*	Die Bauten der Hohenstaufen in Süditalien. Neue Grabungs- und Forschungsergebnisse
150	*Hans Flasche, Hamburg*	Die Struktur des Auto Sacramental „Los Encantos de la Culpa" von Calderón Antiker Mythos in christlicher Umprägung
151	*Joseph Henninger, Bonn*	Über Lebensraum und Lebensformen der Frühsemiten
152	*François Seydoux de Clausonne, Bonn*	Betrachtungen über die deutsch-französischen Beziehungen von Briand bis de Gaulle
153	*Günter Kahle, Köln*	Bartolomé de las Casas
154	*Johannes Holthusen, Bochum*	Prinzipien der Komposition und des Erzählens bei Dostojevskij
155	*Paul Mikat, Düsseldorf*	Die Bedeutung der Begriffe Stasis und Aponoia für das Verständnis des 1. Clemensbriefes
156	*Dieter Nörr, Münster*	Die Entstehung der *longi temporis praescriptio*. Studien zum Einfluß der Zeit im Recht und zur Rechtspolitik in der Kaiserzeit
157	*Theodor Schieder, Köln*	Zum Problem des Staatenpluralismus in der modernen Welt
158	*Ludwig Landgrebe, Köln*	Über einige Grundfragen der Philosophie der Politik
159	*Hans Erich Stier, Münster*	Die geschichtliche Bedeutung des Hellenennamens
160	*Friedrich Halstenberg, Düsseldorf*	Nordrhein-Westfalen im nordwesteuropäischen Raum: Aufgaben und Probleme gemeinsamer Planung und Entwicklung
161	*Wilhelm Hennis, Freiburg i. Br.*	Demokratisierung – Zur Problematik eines Begriffs
162	*Günter Stratenwerth, Basel*	Leitprinzipien der Strafrechtsreform
	Hans Schulz, Bern	Kriminalpolitische Aspekte der Strafrechtsreform
163	*Rüdiger Schott, Münster*	Aus Leben und Dichtung eines westafrikanischen Bauernvolkes – Ergebnisse völkerkundlicher Forschungen bei den Bulsa in Nord-Ghana 1966/67
164	*Arno Esch, Bonn*	James Joyce und sein *Ulysses*
165	*Edward J. M. Kroker, Königstein*	Die Strafe im chinesischen Recht
166	*Max Braubach †, Bonn*	Beethovens Abschied von Bonn
167	*Erich Dinkler, Heidelberg*	Der Einzug in Jerusalem. Ikonographische Untersuchungen im Anschluß an ein bisher unbekanntes Sarkophagfragment Mit einem epigraphischen Beitrag von Hugo Brandenburg
168	*Gustaf Wingren, Lund*	Martin Luther in zwei Funktionen
169	*Herbert von Einem, Bonn*	Das Programm der Stanza della Segnatura im Vatikan
170	*Hans-Georg Gadamer, Heidelberg*	Die Begriffsgeschichte und die Sprache der Philosophie
171	*Theodor Kraus †, Köln*	Die Gemeinde und ihr Territorium – Fünf Gemeinden der Niederrheinlande in geographischer Sicht
172	*Ernst Langlotz, Bonn*	Der architekturgeschichtliche Ursprung der christlichen Basilika
173	*Hermann Conrad †, Bonn*	Staatsgedanke und Staatspraxis des aufgeklärten Absolutismus Jahresfeier am 10. Mai 1971
174	*Tilemann Grimm, Bochum*	Chinas Traditionen im Umbruch der Zeit
175	*Hans Erich Stier, Münster*	Der Untergang der klassischen Demokratie

ABHANDLUNGEN

53	*Johann Schwartzkopff (Red.), Bochum*	Symposium ‚Mechanoreception‘
54	*Richard Glasser, Neustadt a. d. Weinstr.*	Über den Begriff des Oberflächlichen in der Romania
55	*Elmar Edel, Bonn*	Die Felsgräbernekropole der Qubbet el Hawa bei Assuan. II. Abteilung. Die althieratischen Topfaufschriften aus den Grabungsjahren 1972 und 1973
56	*Harald von Petrikovits, Bonn*	Die Innenbauten römischer Legionslager während der Prinzipatszeit
57	*Harm P. Westermann u. a., Bielefeld*	Einstufige Juristenausbildung. Kolloquium über die Entwicklung und Erprobung des Modells im Land Nordrhein-Westfalen
58	*Herbert Hesmer, Bonn*	Leben und Werk von Dietrich Brandis (1824–1907) – Begründer der tropischen Forstwirtschaft. Förderer der forstlichen Entwicklung in den USA. Botaniker und Ökologe
59	*Michael Weiers, Bonn*	Schriftliche Quellen in Moġolī, 2. Teil: Bearbeitung der Texte
60	*Reiner Haussherr, Bonn*	Rembrandts Jacobssegen Überlegungen zur Deutung des Gemäldes in der Kasseler Galerie

Sonderreihe
PAPYROLOGICA COLONIENSIA

Vol. I
Aloys Kehl, Köln

Der Psalmenkommentar von Tura, Quaternio IX
(Pap. Colon. Theol. 1)

Vol. II
Erich Lüddeckens, Würzburg,
P. Angelicus Kropp O. P., Klausen,
Alfred Hermann † und Manfred Weber, Köln

Demotische und
Koptische Texte

Vol. III
Stephanie West, Oxford

The Ptolemaic Papyri of Homer

Vol. IV
Ursula Hagedorn und Dieter Hagedorn, Köln,
Louise C. Youtie und Herbert C. Youtie,
Ann Arbor

Das Archiv des Petaus (P. Petaus)

Vol. V
Angelo Geißen, Köln

Katalog Alexandrinischer Kaisermünzen der Sammlung des Instituts für Altertumskunde der Universität zu Köln
Band I: Augustus-Trajan (Nr. 1–740)

Vol. VI
J. David Thomas, Durham

The epistrategos in Ptolemaic and Roman Egypt
Part 1: The Ptolemaic epistrategos

Vol. VII
Bärbel Kramer und
Robert Hübner (Bearb.), Köln

Kölner Papyri (P. Köln)
Band 1

SONDERVERÖFFENTLICHUNGEN

Der Minister für Wissenschaft und Forschung des Landes Nordrhein-Westfalen

Jahrbuch 1963, 1964, 1965, 1966, 1967, 1968, 1969, 1970 und 1971/72 des Landesamtes für Forschung

Verzeichnisse sämtlicher Veröffentlichungen der Arbeitsgemeinschaft
für Forschung des Landes Nordrhein-Westfalen, jetzt:
Rheinisch-Westfälische Akademie der Wissenschaften, können beim
Westdeutschen Verlag GmbH, Postfach 300 620, 5090 Leverkusen 3 (Opladen),
angefordert werden

GPSR Compliance
The European Union's (EU) General Product Safety Regulation (GPSR) is a set
of rules that requires consumer products to be safe and our obligations to
ensure this.

If you have any concerns about our products, you can contact us on

ProductSafety@springernature.com

In case Publisher is established outside the EU, the EU authorized
representative is:

Springer Nature Customer Service Center GmbH
Europaplatz 3
69115 Heidelberg, Germany

www.ingramcontent.com/pod-product-compliance
Lightning Source LLC
LaVergne TN
LVHW080441200726
843507LV00004B/891